迷迭香栽培及利用

主 编◎杨 谨 刘旭云

云南科技出版社
·昆 明·

图书在版编目（CIP）数据

迷迭香栽培及利用／杨谨,刘旭云主编.--昆明：云南科技出版社,2017.5

（云南高原特色农业系列丛书）

ISBN 978-7-5587-0557-1

Ⅰ.①迷… Ⅱ.①杨… ②刘… Ⅲ.①香料作物-栽培技术②香料作物-综合利用 Ⅳ.①S573

中国版本图书馆 CIP 数据核字（2017）第 087683 号

迷迭香栽培及利用

MIDIEXIANG ZAIPEI JI LIYONG

杨　谨　刘旭云　主编

责任编辑：李凌雁　杨　雪　杨志能
封面设计：晓　晴
责任校对：张舒园
责任印制：蒋丽芬

书　　号：ISBN 978-7-5587-0557-1
印　　刷：云南金伦云印实业股份有限公司
开　　本：889mm×1194mm　1/32
印　　张：2.375
字　　数：60 千字
版　　次：2017 年 5 月第 1 版
印　　次：2017 年 5 月第 1 次印刷
定　　价：15.00 元

出版发行：云南科技出版社
地　　址：昆明市环城西路 609 号
电　　话：0871-64190973

《迷迭香栽培及利用》编委会

前 言

迷迭香（*Rosmarinus officinalis* L.）属唇形科亚灌木多年生草本植物，耐干旱，原产于地中海沿岸，株高 30~40 厘米，最高可达 150 厘米，耐干旱，喜温暖，不耐寒。该作物具有多种用途，且开发前景很好。从它的花和叶子中能提取出优良的抗氧化剂和迷迭香精油。迷迭香抗氧化剂，具有高效、安全、无毒、耐高温的特点，被广泛应用于油炸食品、富油食品及各类油脂的保鲜保质。

迷迭香抗氧化剂除作为油脂和富油食品的添加剂用于防止油脂氧化变质外，由于其能清除自由基，猝灭单重态氧，效果明显好于目前流行的 SOD（超氧化物歧化酶），还有望用于保健饮料、口服液等产品。它独特的化学成分除了用于治疗心血管病及抗癌，还可以作为一种很好的天然防腐剂来驱虫杀菌。迷迭香是欧洲的传统香料，迷迭香精油用途极为广泛，香水、浴液、化妆品、香皂和空气清新剂中已被大量使用。

迷迭香喜温暖、耐贫瘠的特点决定了它是一种适宜在云南种植的特色经济作物。发展迷迭香种植业和加工产业，不仅可以增加农民收入，促进乡镇企业的发展，也符合目前调整云南省农业种植业结构，发展有云南特色的经济作物政策和市场需要。目前，云南省滇中地区迷迭香的种植面积已达 6000 亩（1 亩 ≈ 666.7 平方米）以上。进行迷迭香的引种、栽培及加工，促进其在云南本地的产业化发展，提升该作物种植业的经济效益和产品附加值，是本书最主要的目的。

云南农业需要发展优异的经济特色农作物。在该背景下，笔者就目前已有的科研技术储备，对迷迭香的发展前景、植物学特性、栽培育种方法、田间管理技术、病虫害防治、后期的开发利用方式及迷迭香产业的发展前景等进行了系统介绍。在简明扼要、通俗易懂的前提下，尽量完整地阐释迷迭香从种植到加工利用的生产技术及情况。便于从事迷迭香种植、收购、加工、营销和综合利用的人员使用。

编　者

目　录

第一章 概 述

第一节 栽培意义

迷迭香（*Rosmarinus officinalis* L.）属唇形科亚灌木多年生草本植物，是一种具有多种用途，开发前景很好的经济作物。从迷迭香的花和叶子中能提取出具有优良抗氧化性的抗氧化剂和迷迭香精油。迷迭香抗氧化剂具有高效、安全、无毒、耐高温的特点，被广泛应用于油炸食品、富油食品及各类油脂的保鲜保质。除抗氧化性外，据有关现代药理研究证明：其中含有大量的黄酮类、二萜酚类成分及迷迭香酸，无论是作为抗氧化剂应用，还是开发成为高效低毒的治疗心血管疾病及抗肿瘤、抗艾滋病的药物都具有很好的前景。目前，德国已推出具有解热、镇痛、抗炎作用的迷迭香药物，并有望开发迷迭香抗血栓新药。1983 年，欧洲国家已用迷迭香提取物开发出治疗静脉曲张、痔疮、湿疹、牛皮癣和皮肤感染等疾病的药物。此外，迷迭香抗氧化剂能消除人体内自由基，猝灭单重态氧，是一种抗衰老药物，在保健饮料、口服液、化妆品等行业有广阔的应用空间。国外就迷迭香香精的杀菌、杀虫、消炎等攻效已开发出驱蚊剂、空气清新剂、洗发水等产品。由于该植物具有的特殊效用和广泛应用，迷迭香还被国际香草协会选为千禧年香草。

国际市场对天然抗氧化剂的需求正逐年增长，天然抗氧化剂的应用已从单纯作为油脂和含脂食品的抗氧化剂，发展到作为体内自由基的清除剂，保护人体细胞组织，保护心脑血管组织，抗癌及延缓衰老。目前，迷迭香抗氧化剂在欧美国家得到了较好的开发利用，受到了市场的广泛欢迎，但我国还没有大规模使用迷迭香抗氧化剂及其相关产品。油脂、食品和富油食品等行业仍不得不限量使用有较大毒副作用的 BHA 和 BHT，或其他人工合成的抗氧化剂。随着我国国民生活水平的不断提高，为了保证人民身体健康，用高效天然抗氧化剂取代现有人工合成抗氧化剂产品，提高食品和油脂质量，减少腐败变质造成的生产损失，使产品进入国际市场，已成为当今我国食品界的当务之急。据调查，我国每年在油脂、罐头、肉类制品、方便面和油炸食品等方面约需用抗氧化剂 2000 吨。在方便面生产上，迷迭香抗氧化剂是唯一经受 140℃ 高温油炸，仍具有高效抗氧化性的产品。迷迭香精油的世界贸易量为 500～800 吨，我国香料工业所需精油，仍全部依靠进口，每年需用量 20～30 吨。如果积极扩大迷迭香种植及其产业发展规模，则其产品除满足我国自身需要外，还可争取出口创汇。

但我国迷迭香的开发研究工作才刚刚起步。近年来，南京中山植物园、北京植物所先后从国外引进优质高产的迷迭香品种，西北轻工学院、西北大学也对迷迭香的抗氧化作用进行了部分研究。云南省玉溪地区有多家企业已着手进行迷迭香种植基地的建设和开发。

迷迭香具有较高的经济价值，随着经济的发展和人们对健康问题日益增长的关注，食用抗氧化剂方面的需求将会不断增长。迷迭香作为天然食用抗氧化剂中的佼佼者，推广该作物的育苗、扩繁技术，并进行相应的规模化种植及产品开发研究，不仅能对云南省部分地区的农民和地方财政增收起到较大作用，而且对于农业产业结构调整，加快生物化工业发展具有非常广阔的前景。

第二节　栽培历史及分布

迷迭香（*Rosmarinus officinalis* L.）拉丁语含义为海露，原产于地中海沿岸，现今在南欧地区种植较多，主产地为西班牙、摩洛哥、前南斯拉夫、保加利亚和突尼斯。作为传统的香料植物，欧洲人一直视它为一种具刺激作用的药草。因它的神奇特性，在雅典和罗马常被用来作为祭神的植物。我国早在 1700 年前的三国魏文帝时期就已从西域引入，但只限于庭院种植。《本草纲目》记载道："收采去枝叶，入袋佩之，芳香甚烈。"据《中药大词典》记载，迷迭香有催经活血、利胆降压、抗菌安神等的作用。

近年来，由于对其抗氧化功效研究的不断深入，我国不少单位和地区纷纷从美国、加拿大等国引种，并在江苏、云南、广西等地种植。二十多年前迷迭香曾作为一种趣味盆栽植物在台湾上市销售。

第三节　相关的国内外技术水平、发展趋势

抗氧化技术始于 20 世纪 40 年代末，近 30 年来，随着食品工业及化工技术的大幅度发展，抗氧化剂越来越受到人们的重视，食品抗氧化剂的功用是防止食品氧化，提高食品和油脂（植物油、动物油）的稳定性并延长储存期，保持食品风味。目前，广泛用于食品中的抗氧化剂大多是人工合成（即化学合成），此类化学抗氧化剂虽然能有效地抑制食品的氧化，但也带来较多的毒副作用。

　　长期以来，国际食品饮料等行业一直使用二丁基羟基甲苯（BHT），丁基羟基茴香醚（BHA）以及没食子酸丙酯（PG）和特丁基对苯二酚（TBHQ）等合成抗氧化剂进行油脂及食品的防腐保鲜。但后来，据相关试验和报道发现它们可引起动物肝脏扩大，并有致癌的危险，且在70℃以上的热油中极容易挥发失效。迷迭香抗氧化剂作为新一代纯天然抗氧化剂的代表，彻底避开了合成抗氧化剂的毒副作用和高温分解的弱点。20世纪80年代，美国和日本初步完成了该抗氧化剂的提取工艺，先后推出迷迭香系列产品，在欧美市场备受欢迎，并被广泛应用于油炸食品、富油食品及各类油脂的保存上。西方一些发达国家，分别在1983年和1997年先后禁止在食品中使用人工合成抗氧化剂，凡是含有人工合成抗氧化剂的产品将无法进入这些国家的市场。许多欧亚国家也相继对人工合成抗氧化剂的使用进行了限制。近年来，在回归自然的心理影响下，天然食用抗氧化剂的研制和使用受到推崇。

　　人们试图从各类植物中提取高效、安全、无毒、纯天然的食用抗氧化剂。从20世纪60年代起，迷迭香以其独特的抗氧化功能在世界上声誉鹊起，但我国在这方面的研究却几近空白。Chipault将32种普通香料作为抗氧化剂在猪油中进行了实验，实验表明只有迷迭香和鼠尾草有抗氧化作用。迷迭香抗氧化剂是几十年来国际食品界在防止富油食品的油脂氧化酸败研究上取得的一项重大科研成果。美国和日本是研究迷迭香抗氧化剂最早的国家。1978年，美国用于此类项目投资为5400万美元，1990年增加到13000万美元，研制出迷迭香抗氧化剂的多项系列产品，经毒理试验证明了其安全性，现在在欧美、日本市场备受欢迎。日本推出的RM系列，目前正逐步取代合成抗氧化剂。高效、安全、无毒、纯天然是今天国际食品界的主旋律。当前，我国面临着国际贸易的激烈竞争，同时国民生活水平的不断提高也带来更

4

高的需求，尽快采用高效天然抗氧化剂取代现有抗氧化剂产品，提高食品及油脂安全，减少腐败变质造成的生产损失，为产品进入国际市场提供有效保障，已成为当今我国食品界的当务之急。迷迭香抗氧化剂的成功开发将使我国天然抗氧化剂的生产同国际接轨，也将为我国食品工业和相关产业的发展做出较大贡献。

比较其他抗氧化剂，迷迭香抽提物的抗氧化能力要更强一些：与人工合成抗氧化剂二丁基羟基甲苯（BHT），丁基羟基茴香醚（BHA）及维生素 E 相比，其可用的浓度较高，因而抗氧化能力也更强。

表 1-1　迷迭香的抽提物与人工合成抗氧化剂的抗氧化能力比较

添加物（0.02%）	精炼汽化油在 60℃时贮藏后的过氧化值（meq/kg）			
	7 天	14 天	21 天	28 天
不加添加物	4.70	10.08	29.93	119.67
BHT	1.26	1.86	2.71	3.37
BHA	2.72	6.54	12.10	4.09
"迷迭香"二酚	1.57	2.30	3.10	4.09
"迷迭香"醌	3.28	3.81	4.52	5.10

注：在使用浓度相同的条件下，迷迭香的抽提物与人工合成抗氧化剂二丁基羟基甲苯（BHT）、丁基羟基茴香醚（BHA）的抗氧化能力的比较

从上表看，在使用浓度相同的条件下，迷迭香的抽提物与人工合成抗氧化剂二丁基羟基甲苯（BHT）、丁基羟基茴香醚（BHA）的抗氧化能力相比并不逊色。

总之，迷迭香抗氧化剂是新一代纯天然抗氧化剂，彻底避开了合成抗氧化剂的毒副作用和高温分解的缺点。毒理实验和高温油炸试验证明，该产品具有安全（已通过卫生部规定的安全性

评价试验）、高效（在不同的油脂中，比 BHT 和 BHA 抗氧化效果强 1~6 倍）、耐热（能长期耐受 190℃ 的高温油炸且具有抗氧化效果）、广谱（对各种复杂的类脂物氧化有广泛且明显的抑制效果）等特点。

我国虽然是 13 亿人口的大国，但食用抗氧化剂的年产量还不到 250 吨。就天然食用抗氧化剂研究而言，国内仅有西北轻工学院、西北大学及成都军区军医学校在迷迭香对油脂的抗氧化效果等方面有相关研究，国内天然食用抗氧化剂的研究和开发亟待加强。

第二章　迷迭香在国内及
云南省内的发展

第一节　迷迭香栽培历史及目前生产概况

　　我国早在 1700 年前的三国时期就引进了迷迭香栽培种植。南京中山植物园于 1976 年从加拿大引种，20 世纪 80 年代中国科学院植物所从美国引种，继而在全国多点试种。但由于迷迭香是典型的地中海气候类型代表种，而我国属大陆性气候，气候类型相差甚远，引种成功率较小。1996 年，在中国科学院赴黔南挂职扶贫工作组的推荐下，从北京植物园引进了第一批种苗进行试种。经过几年的努力，迷迭香在黔南试种成功并具有一定种植规模，目前已发展种植达 266.67 公顷，建成目前全国最大的迷迭香栽培基地，极大地扩展了迷迭香种植区域。

　　我国迷迭香的开发研究工作起步时间尚短。近年来，西北轻工学院、西北大学等研究机构对迷迭香的抗氧化作用进行了部分研究工作。在云南省玉溪地区也已有多家企业正在着手进行迷迭香种植基地的开发研究工作。

第二节　云南迷迭香的生产区划

　　根据云南省地理环境及气候等情况，结合迷迭香的种植特点、生物学特性、产量性状等，制订云南省迷迭香生态及生产区

7

划，并划分为适宜和次适宜种植区域。

迷迭香原产于地中海地区，性喜温暖湿润气候，但较能耐旱，栽种土壤以富含砂质、排水良好为宜。适宜在海拔1850米以下，常年气温在15~30℃的地区种植，而温度过高、湿度过大的地区则不适宜种植迷迭香。

一、适宜种植区域

适宜种植区域包括玉溪大部分地区、昆明南部、楚雄南部、红河北部、普洱北部。

即主要集中在滇中地区，≥10℃积温在5000~6500℃，天数270~340天；海拔高度1900米以下；年均气温15~30℃；年平均相对湿度在70%~80%；常年降雨量以800~1000毫米为好。

表2-1　迷迭香在云南的适宜种植区域

	州（市）	主要种植区域	年平均温度	年降雨量	海拔	≥10℃积温（及其天数）
部分适宜种植区域	玉溪	大部分地区	15.9	801	1600	5000~6500℃（270~340）
	昆明	昆明	14.7	1011	1891	4200~5000℃（230~290）
		富民	15.9	838	1692	4200~5000℃（230~290）
		石林	15.6	922	1679	4200~5000℃（230~290）

续表 2-1

州（市）	主要种植区域	年平均温度	年降雨量	海拔	≥10℃积温（及其天数）
红河	弥勒	17.3	978	1400	5000~6500℃（270~340）
	泸西	15.1	974	1700	4200~5000℃（230~290）
	石屏	18	955	1418	6000~7500℃（310~360）
	建水	18.4	828	1308	6000~7500℃（310~360）
楚雄	楚雄	15.6	828	1772	4200~5000℃（230~290）
	双柏	14.9	950	1968	5000~6500℃（270~340）
普洱	景东	18.3	1096	1162	6000~7500℃（310~360）

二、次适宜种植区域

次适宜种植区域包括临沧北部、大理南部、楚雄北部、昆明北部、曲靖南部、文山北部等地区。

海拔高度 1900 米内；年均气温 15~30℃；年平均相对湿度在 60%~90% 之间；常年降雨量 600~1200 毫米的区域。

表 2-2　迷迭香在云南的次适宜种植区域

州（市）	主要种植区域	年平均温度	年降雨量	海拔	≥10℃积温（及其天数）
部分次适宜种植区域					
大理	弥渡	16.2	738	1659	5000~6500℃（270~340）
	巍山	15.6	802	1741	4200~5000℃（230~290）
楚雄	姚安	15.3	773	1873	4200~5000℃（230~290）
	牟定	15.7	842	1768	4200~5000℃（230~290）
昆明	禄劝	15.6	968	1669	4200~5000℃（230~290）
曲靖	陆良	14.7	977	1840	4200~5000℃（230~290）
文山	砚山	16	998	1561	4200~5000℃（230~290）
	广南	16.7	1057	1249	5000~6500℃（270~340）

第三节　我国现有的迷迭香种质
资源及云南省引种情况

迷迭香在地中海沿岸国家为野生种，通过人类有目的的选择与培育，国外已培育出一些专用型品种。我国引进迷迭香时间不长，品种选育工作基本未开展，主要是引进种植。作为经济栽培的迷迭香约有 24 种之多，依其生长习性，基本上分直立型及匍匐型两种。

直立型迷迭香植株高度能长至 1 米以上，具健壮茎，成熟后木质化，分支具有狭长革质之针状深绿色叶片（内侧有点灰色），叶缘有点反卷，叶片较匍匐型迷迭香大。直立型品种有开白色花之 "Albus"，开浅蓝色花之 "Miss Jessup"（非常适合烹调及景观造园用）；开蓝色花之 "Blue Spires" 利用于披萨调味及鸡肉烹饪；开粉红色花之 "Majorca Pink" 及开紫罗兰色花之 "Tuscan Blue"（此品种能适应高温及多雨的生长环境）等。

匍匐型迷迭香，植株高 30～60 厘米，硬质茎，茎上着生密集且狭长之暗绿色叶片，横向弯曲伸长达 50～120 厘米。没有直立型品种耐寒。匍匐型迷迭香国内已引种观察，其最大特点是茎细软，抽生后常匍匐于地面，在多雨的地区易感病，生物产量一般。匍匐型品种有开鲜蓝色花之 "Prostratus"，以及生长快速，开浅蓝色花之 "Mrs. Howard's creeping" 等品种。由于有扭曲及涡旋状的分支，因此为极佳吊盆及地被植物。

目前，国内主要引进的主栽品种有杰索普小姐迷迭香（Miss Jessops upright），为提取抗氧化剂和香精兼用型品种。其抗寒性好，产量高，属丰产类型，但不耐水渍和水浸，多雨地区种植易感疫病和根腐病；塞文海迷迭香，国内已有少量种植，耐寒性好，生物产量低于杰索普，叶片呈松针状，较细小，其叶、花辛

11

辣味浓烈，精油含量高，较杰索普耐渍和抗病；其他品种如蓝色萨福克（Suf-folk blus）、杂色迷迭香（Carlegated）、白色迷迭香（Albus）、大粉红迷迭香（Majorcapink）等，均还处于观察、试验过程中，未能在生产上广泛应用。

由于国内对迷迭香的开发研究起步较晚，品种资源很少，云南省至目前通过多方努力，已收集了逾18份迷迭香品种（资源）。

第三章 迷迭香的生物学特性

第一节 迷迭香的植物学特征及生长习性

一、迷迭香的一般形态特征

迷迭香为多年生常绿小灌木,在正常栽培情况下,就直立型迷迭香而言,1年生植株高50~60厘米,冠径30~40厘米;2年生植株高110~120厘米,冠径120~140厘米;3年生植株高140~160厘米,冠径140~160厘米。整个树冠基本圆形。嫩茎及半木质化茎方形,有毡状茸毛。

光照充足的条件下,迷迭香一般形态学特征表现为:

叶片常绿,狭长,无柄,革质,对生,全缘,具有浓烈的香味,长3~4厘米,宽2~4毫米(不同品种间有差异),上表面平滑,呈绿色,具光泽,主脉凹陷,叶缘反卷。下表面灰色、披茸毛,有鳞腺,主脉凸出,边缘外卷,网状脉清晰,其排列与光线交成锐角,无芽鳞,节间短,长1~1.5厘米。茎顶端叶片与腋芽同时萌生,成簇生状,以后随着节间伸长成为小枝。同节叶片对生,相邻节间叶片呈90°角轮生。

花轮生于叶腋,少数聚集在短枝的顶端成总状花序。花蕾着生于枝条顶端,为复穗状花序,无限生长类型,每个小穗有2~3朵花,花淡蓝色,花冠由2片唇形花瓣组成,花萼钟状,雄蕊一长两短,长的不发育,子房两室,有坚果4粒,红褐色,但多数不发育,表现为结实率较低,多年平均结实率仅为11.1%,种子千粒重 0.6 克左右。

木质化茎截面呈圆形，表皮纵向开裂。

迷迭香植株为直根系，但扦插苗有 4~6 条主根，因根系好气性强，入土较浅，呈水平方向伸展。多雨、水渍易造成根系腐烂，当根受损伤时，根颈处常产生很多细根群，主根死亡，成为主要功能根，维持植株正常生长。6—8 月梅雨季节湿度较大时，中、下部茎上产生很多的气生根。

二、迷迭香的解剖学特征

（一）根的解剖特征

迷迭香的根多为次生结构。外为周皮，由 8~10 层木栓层、木栓形成层和栓内层三部分组成。周皮上发育有皮孔，最外层为表皮，周皮厚度约有 220 微米，约占直径 20%。周皮是在具有继续不断的次生生长的茎和根上代替表皮的一种次生起源的保护组织，主要由不规则棱状紧密排列的木栓细胞组成。周皮的最内层细胞不仅具有贮水功能，而且保持了细胞壁的透性，使水和矿质养料能直接通过周皮吸收到根中去。对于植株具有节制蒸腾、通气作用和保护组织免受外界环境影响的作用。周皮以内为发达的韧皮部，外侧数层由薄壁细胞组成，自外向内，薄壁细胞由大至小。根的中央为木质部，木质部较大，为韧皮部的 6~7 倍。木质部导管分子长约 33 微米，宽约 40 微米；该部分的主要功能是输送水分。韧皮部的主要功能是输送光合产物。木质部组织对于保证水分的迅速输送和提高植物的耐旱能力起到极为重要的作用。

（二）茎的解剖特征

从迷迭香茎的横切面上看，包括周皮和次生维管组织在内也

14

像根的次生生长一样。

多年生迷迭香的茎也发育有较厚周皮，可达到约180微米，可占到横切面直径的1/6；周皮疏松、不规则排列及有少数气孔分布的特点在保证通气的同时也防止了茎内的水分过度散失。

在迷迭香茎的维管组织中，导管的结构对于水分的有效运输起到了积极作用。

髓呈圆柱状，其周围包围着维管组织，由比较一致的薄壁组织组成；连接髓和皮层之间的薄壁组织称为髓射线，迷迭香有发达的髓组织和密集的髓射线，两者均具有一定储水功能，使其在干旱时能保持一定的水分供应。

（三）叶的生态解剖

迷迭香的叶为条形叶，长30~40厘米，宽2~4毫米，厚约0.2毫米，叶面积小，叶缘外卷，革质。

迷迭香叶的上表面表皮层细胞紧密排列，具有厚的细胞壁和厚的角质膜，表皮毛长且发达，长约为60微米。下表皮的显著特征是覆盖有浓密的白色簇生毛，覆盖面积几乎达100%；毛长平均约为100微米。这些特征可以有效减少植物的蒸腾面积并避免或推迟干旱胁迫的突然开始。迷迭香的气孔器为圆形。

迷迭香的叶肉组织分化为栅栏薄壁组织和海绵薄壁组织。栅栏薄壁组织由多层垂直于叶片表面的伸长细胞组成，分布于叶的上下表面，排列疏松，类似于辐射状；海绵组织细胞不规则，互相连接，似一个立体状的网，海绵组织与多层的栅栏组织相嵌而不容易分开。水分不仅通过叶脉和维管束鞘的扩展而输导，而且还可通过叶肉细胞和表皮来运输。通过栅栏组织向表皮运输的水分要比通过海绵组织多得多，迷迭香发达的栅栏组织在水分供应条件适当时，水分从维管束到表皮的运输会增加。

叶脉的维管系统分布在整个叶片，因此叶肉细胞与维管组织之间有十分密切的空间关系。维管束在叶片中央平面上与叶表面平行，形成互相连接的系统。叶中的维管束一般称为叶脉。在迷迭香的网状脉序中，有一条最大的叶脉穿过叶的中部，形成主脉或中央叶脉，并产生分枝；维管组织中的木质部和韧皮部同样具有疏导水分和光合产物的功能。在迷迭香较大和中等的叶脉中含有导管和筛管，反映出迷迭香较强的疏导能力。

三、生长习性

迷迭香在贵州有在连续-5～-4℃的低温下安全过冬的记录。一般而言，迷迭香无明显的休眠期，整个冬季缓慢生长。

如气温过高，虽然能使迷迭香生殖生长旺盛、花穗大、开花多，但不利于受精结实；当气温下降至20℃以下，结实率却能显著提高。在光照充足的条件下，植株生长健壮，茎粗叶密，节间较短，腋芽和叶片同时萌发抽生，植株2次分枝、3次分枝多，生物产量高，生长量大；在荫蔽条件下，枝条细弱，节间拉长，茸毛稀疏，腋芽难以抽生枝条，植株不成蓬，产量低。迷迭香不耐水渍，当排水不畅或连续降雨时，土壤就会在较长时间保持饱和状态，通气不良将造成60%以上的迷迭香死亡。未死的植株，其根系也会受到不同程度的伤害，生长衰弱、叶片变黄、不发新芽，对产量影响极大。迷迭香喜暖湿夏干气候，即要求冬季温暖、潮湿，夏季干燥、凉爽。对干旱有较强的忍耐能力。

迷迭香在云南省中部、南部海拔1000～1850米的地区一年四季均可栽种。但最佳种植时期则应选择在春、秋季阴天、雨天和早、晚阳光不强的时候栽种。土地选肥水条件好的壤质砂土、黏质砂土有利于根系的发育和枝条的早生快发。

第二节 迷迭香的生长发育过程

迷迭香成熟时间需要90~110天，可以选择播种或扦插法于春、秋季繁殖。迷迭香的生长点在5℃开始萌动，10℃缓慢生长，20℃左右生长旺盛，30℃进入半休眠期。

迷迭香的萌动在3月上旬，并于3月下旬抽梢，4—7月为迷迭香的第1个生长高峰，主枝生长迅速，植株增高较快。7月下旬后，主枝生长减缓，为浅休眠，二次分枝抽梢。8月中旬至10月初为植株生长的第2个生长高峰，9月份开始露出花蕾，如无高温可开花结实。二次分枝也生长旺盛。在水肥条件好的情况下，还会抽发3次或4次分枝，此时，迷迭香植株呈蓬状，同时叶片增厚。11月中旬到次年3月下旬为半休眠期，新梢生长基本停止。

迷迭香当年播种或春季移栽的扦插苗在正常情况下不现蕾开花。2年生以上植株7—8月主枝顶端首先现蕾开花，以后依次二次分枝、三次分枝，下部枝现蕾开花，花期可长达6~7个月，至次年3月下旬（或4月初），大量新梢抽发后才终止。

第三节 迷迭香对环境条件的要求

迷迭香适应性强，耐旱、耐瘠薄、喜光、不耐湿，对土壤要求不严，最适合在温度为10~30℃的温暖气候地区生长。其耐寒性较差，寒冷地区过冬，应覆土护根。生长过程中忌高温高湿环境。雨季时常因不耐涝而导致生长受影响。跟大多数的香料植物一样，迷迭香喜欢日照充足、良好通风的场所，全日照或半日照都可以，也适于在半阴的环境中生长。

一、迷迭香对水分的需求

迷迭香耐旱忌涝，尤其是怕田间积水，如果田间积水，必须及时排出。凉爽湿润的环境对幼苗生长有利，每次浇水要浇透，但不能积水。随着根系发育，地上部新叶长出后对水分要求降低，两年生苗耐旱能力极强，忌涝，连续浸水 24 小时即可导致地上部落叶，根系腐烂，高温高湿亦会引起严重死苗现象。因此，种植迷迭香的田地必须沟道深并容易排水，土壤透气性要好。

二、迷迭香对温度的需求

迷迭香耐寒，但温度低时则会生长缓慢或停止生长，温度过高，则结实率低或影响产量。

其适宜生长的温度为 10~30℃，喜欢温暖湿润的气候环境。冬季气温-5℃持续 5 天后即受冻害死亡，夏季气温 35℃以上植株热休眠，停止生长。因此，白天温度宜控制在 20~25℃，夜间宜控制在 10~15℃，在此温度条件下产量高，品质好。夏季棚膜不能撤下，以便防雨、遮光、防涝、降温。

三、迷迭香对日照的要求

迷迭香属长日照喜光植物，全年光照在 2000 小时以上为宜。露地栽培光照强，产品纤维含量较高，叶片质硬，影响品质。日光温室栽培光照强度为露地的 85%左右，植株生长较快，产品幼嫩，整体品质较好。但若光照不足将会影响精油及抗氧化物有效成分的产量和质量。适宜选择向阳的坡地、台地栽种。

四、迷迭香对土壤的要求

迷迭香对土壤 pH 适应范围较广，pH 在 4.5~8.7 均可。具有一定的耐盐碱、耐贫瘠能力，在丘陵、山地、石砾土壤上也能正常生长。种植时应选择通透性好、疏松、排水良好的富含砂质或疏松石灰质土壤的砂壤土为最佳。

五、迷迭香对肥料的需求

迷迭香耐贫瘠，在肥沃的土壤中更有利于其生长发育；收获期间，每隔 1 个月追肥 1 次，可追施复合肥 15 千克/亩，适当增施钙肥。种植时施农家肥作底肥将更好。

第四章　迷迭香高产栽培及田间管理技术

第一节　迷迭香高产栽培技术

一、繁殖方法

迷迭香的常规繁殖方法有种子繁殖、压条繁殖和短枝扦插繁殖三种。种子繁殖发芽率低，成苗时间晚，不利于移栽。目前，除了在引进新品种或杂交育种时采用种子繁殖，生产上一般不用。压条繁殖成功率高，苗的质量好，移栽成活率高，但繁殖数量有限，不能满足大规模原料生产基地建设需要。短枝扦插繁殖系数大，种性稳定，能满足大规模基地开发对种苗的需求。

在进行常规繁殖前，应先对土地进行预处理，选择背风向阳、地势平坦、靠近水源、土壤结构好、pH 在 6.5~7.5 的砂质壤土为苗床，施足底肥，按 1.6 米拉绳开厢，厢面宽 1.1~1.2 米，厢长以地块大小而定，但最长不得超过 20 米，平整厢面后，立即施用除草剂预防草害。

（一）迷迭香的种子繁殖

迷迭香的种子繁殖与其他繁殖方式相比，发芽缓慢且发芽率差。据文献记载，若发芽温度介于 20~24℃ 时，发芽率低于 30%，而且发芽时间长达 3~4 个星期，但如果先于 20~24℃ 发芽 1 周后再以 4.4℃（40℉）温度处理 4 周后，发芽率可提高至 10%。

据试验观察所得，种子发芽最适温度为 15.5℃，播种后14～21 天发芽，播种在穴盘中，当幼苗发育到 7～8 厘米时可移植室外，按行距 90 厘米，直立型株距为 40～50 厘米，匍匐型株距为 50～70 厘米。进行田间设计和栽种即可。

（二）压条繁殖

压条繁殖在云南滇中部分地区一年四季均可进行，发根较快，尤其适宜于繁殖大苗。压条方法是在植株基部周围挖 5 厘米深的环形沟，将枝条中部弯曲，埋入沟中，培土 5 厘米，浇水，保持土壤湿润。

（三）扦插繁殖

迷迭香为扦插易生根型植物，扦插繁殖是既快又有保障的繁殖方法，育苗时间以秋插—冬育—春栽为最佳模式。扦插基质、枝条的木质化程度对穗条的生根率影响不大，但影响出根的时间和根的生长发育状况，而品种、激素处理的浓度以及扦插季节对穗条的生根率则影响较大。适当的光照和通透、湿润的基质有利于插穗生根。

1. 迷迭香扦插应选择恰当的气温进行

一年中季节不同，气温不同，扦插的插穗生根率也不同。根据实验结果看，当气温在 12～26℃时扦插，则生根率最高，当气温高于 26℃时扦插，则生根率最低。扦插环境温度的高低影响着插穗的生理活性和杂菌的生长，从而影响插穗的生根率。

2. 外源激素对生根的影响

外源激素处理插穗可以影响其生根，选择合适的激素及浓度，可提高插穗的生根率及移栽成活率。穗条木质化程度不同，也影响插穗的生根率。

3. 扦插穗条选择

扦插繁殖最好在秋末、冬初进行，此时露地新梢已停止生长，枝条变硬，体内营养含量较高，容易扦插，成活率高。筛选出 1 年生以上的优良迷迭香当采穗母株，从采穗母株上剪取 3~5 厘米健康的带有生长点的嫩芽和 7~10 厘米的半木质化嫩梢作插穗，将下方 1/3 的叶片去除。

4. 扦插基质的配置

扦插是利用植物营养器官本身所含养分或叶子进行光合作用来补充养分供给插穗发根。其中的有机质则易滋生病菌，引起病菌入侵，使插穗腐烂，与此同时扦插基质中含有的肥分有利于扦插穗条生根后的生长。另外，扦插用的基质还需要有保湿透气、排水良好及固定插穗的物理结构。

经试验证明，目前使用的各种基质生根率都比较高，区别在于根的粗壮程度不同。使用珍珠岩、河沙基质，按 1:2 配比，则扦插穗条平均生根率可达 98%，须根粗壮、多而长。或用泥炭土与黄心土按 2:1 配比，扦插穗条的平均生根率也达 95% 以上，但根细，且少而短。故，选择哪种扦插基质应根据实际情况而定。

5. 扦插的前处理

扦插前穗条用 0.1 克/升的高锰酸钾溶液消毒 3~5 分钟，然后用清水洗干净，再将插穗基部置于生根粉溶液中（为加快生根，可采用吲哚乙酸或者萘乙酸等生根促进剂）。基质在选配后应用 35% 的甲醛 20 毫升/升溶液淋透进行消毒，15 天后使用，之后用 50 格穴盘装上。

6. 扦插步骤

扦插时先在基质上以竹筷插一小洞，深度为穗条的 1/3~1/2，应避免扦插时生根粉被培养土擦掉，插后压实穗条周围的基质，淋透水并用塑料薄膜覆盖保湿，放在阴凉的地方，待长出幼嫩根系后移植。如不是用穴盘装盛，而是采用苗床，则可将处理好的插条按行距 10~12 厘米，株距 4~5 厘米，深 5 厘米左右进行扦插、压实、浇水，并用竹条作塑料拱棚，光照强时适当遮阴，根据天气和棚内温度情况灵活掌握揭膜降温和浇水。扦插后保持 15~25℃，每天早、晚各浇 1 次水，第 1 周的中午应适当遮阳，防止强光直射，正常情况下 20~30 天后即可发根，30~45 天后形成健全的根系。

7. 迷迭香扦插应注意的要点

生根期如在温室内育苗，温度应控制在 22℃，经常给插穗喷雾，但不应过于潮湿，否则会引起插穗顶部腐烂，并且导致产生的根不够健壮。要特别注意防止插穗萎蔫。扦插苗生根部位绝大多数在节上，也有少数生在节间的皮孔部位。经过一个冬季的管理，待苗高 20 厘米，有 2~3 个分枝，即可达到成苗标准，当气温在 10℃ 以上时可以移栽大田。匍匐迷迭香品种可在其横躺的枝条与接触泥土处先刻伤枝条再浅埋，并于 1 个月后切离母株，就是另外一棵迷迭香，但操作手续较麻烦。

扦插后要经常检查插床，及时捡去死株、烂叶，7 天内插床要保持空气湿度在 85% 以上，之后可逐渐降低；扦插后第二天喷杀菌剂，以后每周喷杀菌剂、1 克/升硝酸钾和磷酸二氢钾混合溶液一次，以防止插穗感染病害并促进生根及生长；每天定期打开部分薄膜以利通风透气。插穗生根后 10 天可移栽到营养袋或花盆培育，每周淋 2 克/升的氮、磷、钾混合液一次，其他按常规苗圃育苗方法管理。

若种植得法 2~20 年生之植株将取得最高鲜枝叶达 45 吨/公顷以上的产量。

二、大田移栽

（一）种植地的选择及整地

为了获得高产，宜选择平整、方便排水、土壤通气条件好、pH 在 6.5~7.5 的钙质石灰土或砂质壤土进行种植，而低洼积水、过黏、过酸（如胶泥）、黄壤、死黄泥等持水量较大的土壤则不宜种植。种植前，土地要求耕深为 20~30 厘米，宽 20 厘米。畦宽为 1.2~1.5 米。迷迭香怕涝，要起垄或高畦栽培，垄高15~20 厘米。耕地时应剔除杂草，或用化学除草剂对土地预先处理。

（二）大田施肥

迷迭香对土壤要求不高，但需肥量较大，种植时要施足基肥。基肥以长效的有机肥为主，全层施肥或穴施均可，施腐熟的有机肥 1500~2000 千克/亩，加复合肥 50 千克作基肥。按3300~3500 株/亩定植，时间以 3—4 月为宜。移栽时要压实土壤，并浇足定根水，促其成活。

（三）移　栽

迷迭香的大田移栽需采用扦插枝生根成活的苗。土地平整后按一定株行距先打塘，再施少量底肥，并在底肥上覆盖薄土即可。之后要浇足定根水，浇水时不可使苗倾倒，如有倒伏要及时扶正。栽植迷迭香最好选择阴天、雨天和早、晚阳光不强的时候。云南中部、南部一年四季均可栽种，春、秋季最佳。

第二节　迷迭香田间管理技术

一、定　植

定植时间宜在春季 3 月，此时定植，气温将逐渐回升，光照充足，有利于植株生长发育。

二、适时灌溉

迷迭香叶片本身虽属于革质，能耐旱，但仍需保持一定水分供给。在生长季节浇水，应根据土壤墒情，春、秋季每 7~10 天浇水 1 次，如温度较高，则应隔 3 天左右浇水。视墒情，夏季应经常浇水，保持湿润，避免干燥，在冬季要干后再浇。结合气候条件和土壤墒情，中后期适时灌溉，严禁漫灌和田间积水。

三、草害防治

苗期和灌溉后及时进行机械和人工松土，消灭杂草，提高地温。

四、科学施肥

迷迭香耐瘠薄，根据土壤条件不同，在幼苗期中耕除草后施少量复合肥，并将肥料用土壤覆盖。每次收割后追施 1 次速效肥，以氮、磷肥为主，一般每亩施尿素 15 千克、普通过磷酸钙 25 千克或迷迭香专用肥 25 千克。迷迭香并不是很重肥的植物，每 3 个月施 1 次肥即可。在迷迭香 2 个生长高峰前期分别施尿素 10 千克/亩和磷肥 2 千克/亩，采取隔株穴施或行间机械条施方式。

五、病虫害防治

迷迭香病害主要为灰霉病及根腐病。预防措施是开好排水沟，降低田间温度，避免高温多湿的气候及环境，保持植株通风和凉爽，并配合施用适当的农药进行防治。虫害主要有蛴螬、小象甲、蚜虫等，秋季有少量避债蛾幼虫危害，可用辛硫磷处理基肥或土壤进行预防，生长阶段可适当选择化学农药进行灌根或喷雾。而根腐病常发生于高温、高湿条件下，部分植株会遭真菌病害，可用多菌灵、敌克松、甲基托布津、雷多米尔等药物防治。

六、适时修剪

迷迭香种植成活后3个月新梢停止生长，叶片变厚，颜色呈深绿，此时即可修剪。修枝的目的第一是为了让其充分分枝，提高产量。迷迭香越修越发，每剪1枝可发2~4枝；第二是控制其生长高度，植株长得过高容易倒伏和折断。枝条修剪标准应掌握在以确保侧芽生长为好，以植株生长成圆锥形为最佳。

应注意的是迷迭香生长缓慢，这也意味着它的再生能力不强，修剪采收时必须要特别小心。尤其老枝木质化的速度很快，过分的强剪常常会导致植株无法再发芽，比较安全的做法是每次修剪时不要超过枝条长度的一半。采收时，结合修剪一并进行，每次修剪下的枝条都可用于提炼加工。1年生苗主茎保留8~10厘米修剪，根据全田密度和长势，单株保留5~10个分枝，对小分枝也必须进行短截，使单株保留的枝条基本上在一个高度水平上，有利于来年的均衡生长。2年生以上的大田修剪，遵循保留一定长度的当年生枝条作来年的萌芽骨干枝条的原则，每年短截的高度略有提高，其余同1年生苗的大田剪下的枝条，根据不同的用途作不同加工处理，也可晒干保存贮藏。

迷迭香植株，虽然每个叶腋都有小芽出现，之后随着枝条的伸长，这些腋芽也会发育成枝条，长大以后整个植株因枝条横生，不但显得杂乱，同时通风不良也容易遭受病虫危害。因此，定期整枝修剪十分重要。直立的品种容易长得很高，为方便管理及增加收获量，在种植后开始生长时要剪去顶端，侧芽萌发后再剪2~3次，这样植株才会低矮整齐。迷迭香在种植数年后，植株的株形会变得偏斜，下部叶片脱落，根部萎缩，所以在10—11月或2—3月时应从根茎部进行更新修剪。

如果采剪植株过小，费工费时，效益低；采收植株过大，则植株木质化程度高，有效成分降低，影响提取精油及抗氧化剂产量、质量，应按照丰产优质的采收标准进行采收。采剪后要加强肥水管理，结合人工除杂草，及时浇水施肥、补施普钙或复合肥，为下一次剪收奠定基础。同时，为了利于植株通风、透光，提高光合作用，采收后可对植株进行再次修剪，将株形修剪为圆锥形。

七、科学采收

（一）采收季节

一般3—11月上旬均可采收。冬季11月中旬到次年2月不宜采剪，应以保苗及加强肥水管理为主。

（二）迷迭香的采收标准

株高30厘米时即可采收。采收枝叶的部位：从顶端向下，茎秆上会出现1个由绿白色变为黑色的变色点，此点刚好是木质部、韧皮部开始木质化的分界线，从顶端至变色点部分（20厘米左右）即为加工最好的嫩枝叶原料。采收时的外观色泽：以采收新鲜嫩枝叶为原则。采剪后的枝叶不宜超过2天就应进行加工。

（三）采收方式

迷迭香一次栽植，可多年采收。采收次数可视生长情况而定，一般每年可采 3~4 次，每次采收每亩至少为 100~300 千克。采收时可用剪刀或直接以手折取枝叶，或将整株近地面部分人工割取收获，拉运到加工点进行精油提取。植株伤口处流出的汁液会变成黏胶，导致部分人有过敏症状。因此，采收时必须戴手套并穿长袖服装。采收如非立刻使用，则应迅速烘干，避免香气的迅速逸失。

第五章 迷迭香病虫害防治

在迷迭香生长过程中，往往遭受各种病虫害危害，影响了迷迭香的产量及质量。迷迭香病虫害成了迷迭香生产的一个制约因素，由此直接影响了广大种植户的生产积极性。

第一节 常见的主要迷迭香病害

迷迭香主要病害有灰霉病、白粉病、根腐病及白粉病，经由改善通气及盆底供水方式，可以预防。在潮湿的环境里，根腐病、灰霉病等是迷迭香常见的病害。如果栽培基质还是潮湿的时候迷迭香植株出现萎蔫，需要把植株立即移出温室。迷迭香分枝多，加上采收后顶端优势被破坏，侧枝多且生长加快，容易造成阴闭现象，引起内侧枝叶枯黄，病害增加，可以通过修剪疏枝预防。植株下部侧枝要逐步剪除，便于通风、减轻病害，也有利于田间作业。灰霉病可选用5%多菌灵烟熏剂或50%速克灵1500倍液防治。白粉病选用20%三唑酮乳油2000倍液防治。

第二节 常见的主要迷迭香虫害

迷迭香虫害有蚜虫、红蜘蛛、介壳虫、臭虫及粉虱。最常见的虫害是蚜虫、红叶螨和白粉虱，可采用5%扑虱蚜2500倍液和1.5%阿维菌素3000倍液防治。利用黑色地膜或作物秸秆覆盖地面，可降低空气湿度，减少病虫害发生。目前，最为理想的方法是使用生物防治。病虫害常易发生于不通风，且阳光照不到的隐秘地点。无论哪种病虫害，都重在预防，可以从卫生状况、合适的水肥管理、合理的温度和光照上着手，并且需经常观察、及时淘汰病弱株。

第六章　迷迭香加工及开发利用

第一节　迷迭香精油的利用

迷迭香精油是许多化妆品及苦艾酒的成分。其香气主要由龙脑和乙酸龙脑酯（Bornyl acetate）、樟脑（Camphor）、1.8-桉叶油素（1.8-cineole）等成分混合。广泛用于香水（如古龙香水）、浴液、化妆品、洗发水、香皂和空气清新剂中。另外，它具有很强的驱虫杀菌效果，亦是很好的天然防腐剂。国外已开发试验驱蚊剂、空气清新剂。西班牙等国还用迷迭香开发出具有防治脱发、秃头、头皮屑及刺激头发生长、增加韧性作用的专利洗发水。

迷迭香精油被称为复苏系统精油之王，由花及茎叶利用蒸汽蒸馏萃取得到。由花所萃取之精油品质优于茎叶，目前几乎全部的迷迭香精油是萃取自茎叶。叶片含 0.5%～1.5% 的精油，精油无色或淡黄色。

经济栽培精油主产区在达尔马希亚（前南斯拉夫南部，亚得里亚海东岸地区），摩洛哥、法国、西班牙及日本。整体而言，品质优良的迷迭香精油，最初有点薄荷味，随后感觉上会有香脂味。若闻起来有浓重的樟脑油味，则品质差。

在医药上，迷迭香精油对葡萄球菌、大肠杆菌、霍乱弧菌等有肯定的抗菌作用，效力是中等的，且能有效地缓解由消化不良引起的胃满、气胀，作为健胃药可以促进肠道蠕动、增强食欲、缓解小肠和胆道痉挛、增强肌肉收缩、促进胆汁分泌，可作为利胆剂；外用可以作为治疗风湿性关节炎、肌肉疼痛的止痛剂；添加至浴液中可以促进皮肤的血液循环。迷迭香精油还具有杀菌、杀虫、消炎等活性，对红蜘蛛、蚊子及其虫卵有很强的杀伤力，已用于开发杀虫剂；且具有抑制胰岛素释放和提高血糖的作用。其对循环、神经及肌肉系统的主要用途分述如下：

（1）对皮肤有缩收毛细孔之效果。

（2）减轻消化不良所引起之头痛。

（3）具抗菌及防霉作用，作为预防感染消毒用。

（4）作为头发保养，在洗发液中加几滴精油可加深头发颜色，按摩头皮可减少脱发及增进头发光泽。

（5）可抑制循环系统虚弱所引发的不适症状。

（6）添加到按摩油中，可减轻风湿疼痛及肩膀僵硬。

（7）对于中枢神经系统的刺激功能非常显著。

（8）配合饮食及生活习惯的改变，可调理心脏、肝脏和胆囊并降低血胆固醇浓度。

（9）促进血液循环。

（10）可提高脑部活动、增强记忆、集中注意力。

（11）具利尿特性。

（12）迷迭香精油与柠檬香茅、杜松混合可加强舒解肌肉疼痛之作用。

第二节　迷迭香茎叶的利用

新鲜迷迭香叶子上部呈浅绿色，下部有白色绒毛，叶细长，硬而无柄，长 1~3 厘米，相比而言，迷迭香干叶片颜色较柔和。我国对干迷迭香的食用已出台相关质量标准。

一、食　用

迷迭香广泛运用于烹调，在西餐中迷迭香是经常使用的香料。新鲜的嫩枝叶具强烈芳香，可消除肉类腥味。烹调肉类或海鲜时，加几片叶子或迷迭香粉，可去除腥味。可香烤排骨（猪排、羊排及牛小排），迷迭香烤鸡，风味尤佳。加少量叶片进火锅，则特殊香气极易入菜。需长时间加热的料理中也可用干燥迷迭香或在烹调好后添加少许迷迭香粉。迷迭香之鲜花亦可凉拌沙拉、点缀料理、赋香添味。还可用于面包、糕点及饼干之烘培，如迷迭香乳酪棒及迷迭香甜糕。用于香草甜品，如迷迭香蜜橙及迷迭香杏果慕斯。

二、配制迷迭香茶及其他饮品

迷迭香泡茶，别有风味，使人神清气爽，改善头痛，增强记忆力，对需要大量记忆的人群有一定作用。迷迭香花茶的冲调简单，可摘采 5~10 厘米迷迭香嫩枝洗净放在茶壶中，加入热开水，冲泡 2~3 分钟，并加入蜂蜜或砂糖便可饮用。香味随时间渐浓。将嫩枝加入柠檬苏打水中，风味更佳。迷迭香花草茶有益于心脏，可消除疼痛及帮助入眠。据报道，每天饮用一小杯迷迭香所浸泡的酒，可减少心脏病发作。

三、抗氧化剂

迷迭香抗氧化剂属纯天然植物产品，抗氧化效果高于人工合成抗氧剂 BHA 和 BHT。结构稳定，耐高温，不易分解。在密封的条件下，将迷迭香抽提物以 204℃加热 18 小时，或在 260℃下加热 1 小时，其活性都不受影响；在 204℃露空加热条件下，其抗氧化活力在半小时后仍能保留 83%，1 小时后能保留 74%。主要作为油脂和富油食品的添加剂，以防止油脂氧化变质。其防腐抗氧化的特点在保存食物，如肉类保鲜等方面有着广泛的应用领域。试验证明，该产品在富油糕点、熟肉制品、方便面、啤酒等中均有极佳的抗氧化效果。另外，迷迭香抗氧化剂能清除人体内自由基，猝灭单重态氧，是一种抗衰老药物，美容效果明显好于目前风行于世的 SOD（超氧化物歧化酶），克服了 SOD 等酶类物质化学性质不稳定这一致命弱点，可广泛应用于保健饮料、口服液、化妆品行业。它独特的化学成分还有可能成为治疗心血管病及抗癌新药。

四、药 用

迷迭香叶为风靡多时的药草，具有杀菌作用，并有助于消化脂肪，被放入数种减肥药中，对伤风、腹胀等亦有成效。据现代有关药理研究证明：迷迭香中含有大量的黄酮类成分，具有明显抗氧化和抗心血管疾病方面的作用，有希望开发成为新一代治疗心脑血管疾病的药物。其中所含的二萜酚类成分，具有明显的抗氧化、抗肿瘤、抗艾滋病及其他多种病源生物的活性，除作为抗氧化剂应用外，有望开发成为高效低毒的抗肿瘤、抗艾滋病药物。迷迭香酸具有明显的解热、镇痛、抗炎、抗氧化、抗血栓和溶解纤维蛋白的活性。目前，德国已将其作为解热、镇痛、抗炎药物投放市场，并有望开发成为抗血栓新药。1983 年，欧洲国家已用迷迭香提取物开发出治疗静脉曲张、痔疮、湿疹、牛皮癣和皮肤感染等疾病的药物。一天新鲜茎叶的适用量在 4~6 克，药用时须请医师来定夺。迷迭香会造成流产，怀孕妇女必须避免使用。

五、其他用途

将迷迭香叶片、薄荷叶及大茴香叶置于温水中浸泡 20 分钟，过滤后可作为漱口水，保养口腔。或直接采 2~3 片叶子放入口中咀嚼，能消除口臭。它的芳香气味，被认为有增强记忆的功效。其广泛的用途，除烹调时作为香料外，放在室内还可使空气清香，放入水中沐浴可促进血液循环，做成布包放入衣橱可驱除蛀虫。如装成枕头，可达到明目清脑，改善睡眠，缓解头痛的神奇效果。多方面用途使这种植物广受赞誉。

第三节 迷迭香花及种子的利用

迷迭香的花、种子可减轻头痛、帮助睡眠、防止掉发，同时还具有一定的杀菌抗病毒效用。花可提炼花露水，具抗菌、滋补强身的作用。花和嫩枝提取的芳香油，可用于调配空气清洁剂或作为香水或作为香皂等化妆品原料，最有名的化妆水就是用迷迭香制作的。药理上迷迭香具有重要的药用价值，它具有止痛、抗抑郁、抗风湿、抗菌、抗氧化、提神醒脑、收敛、利尿、通经等功用，促使病症消退或解除。可治疗头痛、神经紧张、胃口不佳。

据说，在埃及法老的古墓中，考古人员曾见到迷迭香的踪迹，是尸体防腐的香料。希腊人和罗马人把迷迭香视为再生的象征和神圣的植物，认为它能使生者坚定、死者安详，因而以迷迭香的枝条来献祭神祇，用迷迭香焚香以驱散鬼邪。摩尔人在果园周围大量栽植迷迭香用以驱赶害虫。

第四节 迷迭香酸的用途

植物是生物活性化合物的天然宝库，其产生的众多代谢产物如萜烯类、生物碱、类黄酮、甾体、酚类、独特氨基酸和多糖等均有抗菌活性。

迷迭香酸（Rosmarinic acid，简称 Ros A）是一种天然的酚酸类化合物。最早由 Ellis 在迷迭香这种植物中发现。现已发现迷迭香酸在植物中分布广泛，从高等双子叶植物到低等苔藓类、蕨类植物中都有，但主要存在于唇形花科和紫草科植物中。研究表明，它是一种有一定生理活性的酚酸类化合物，其结构特点是两个苯环上有四个羟基。因此，它是迷迭香中一种有效的抗氧化成分，具有广谱的抗微生物活性，其不仅在抗细菌和病毒等方面有效果，而且对于抑制植物病原真菌孢子萌发的活性也起到很好作用。国内外的研究证明，其不仅具有许多医药功能，而且对金黄色葡萄球菌、大肠杆菌等具有较强的抑制作用。研究还发现迷迭香酸抗菌活性具有很强的热稳定性和耐低温贮藏性。迷迭香酸的水溶液在 80℃水浴中处理 30 分钟或 4℃低温贮藏 1 年，其抑菌活性未发生明显的变化。迷迭香酸的开发应用，受到国际相关领域的广泛重视，在医药、食品工业等领域已显现出良好的应用前景。

21 世纪是环保的世纪，高效、低毒农药是农药发展的必然趋势。从迷迭香中寻找新型的、具有杀菌活性的天然化合物，并对其进行适当的结构修饰，筛选出生物活性更高的新化合物，制备具有不污染环境，对人畜安全，害虫不易产生抗性等特点的植物源杀菌剂，是当前国际上十分活跃的研究领域。深入研究迷迭香酸的生物活性将有力地促进其在医药、农药等方面的开发应用。

第五节　迷迭香的其他用途

迷迭香株形优美，花色迷人，在生长季节它的茎、叶和花散发出的宜人清香能使人神清气爽，对于增强记忆力及调节人的情绪有很好的作用，其枝条的可塑性强，叶片为革质，不像其他香草那样柔嫩，较易保存，故常被栽培成姿态优雅的盆景置于室内或栽种于院内。现在，迷迭香已成为欧洲地中海沿岸亮丽的景观。几十年前台湾就有人引入，国内目前也正逐渐扩大其栽种规模。

由迷迭香制成的空气消毒片被证实在公共场合中采用电加热的方式来产生烟雾，对室内空气进行熏蒸消毒，显示了较好的空气消毒作用。

公共场所的空气细菌浓度四季变化特征显著，夏季和秋季较高，春季和冬季较低。而空气中革兰氏阳性菌明显多于革兰氏阴性菌，约占80%以上，其中又以棒状杆菌、微球菌、奈瑟氏菌为主，迷迭香对这些细菌有很好的杀灭及抑制作用。对于预防感冒等流行性疾病有很好的效果。而且，利用经中医临床应用证实的无毒中草药提取制备空气清新剂具有安全性。

有文献证明，迷迭香中含有的迷迭香酸对细菌的细胞膜的通透性、蛋白质代谢和 DNA 复制都有一定的影响，从而发挥了其抑菌作用。迷迭香作为一种香料，其特殊的味道也易为人们所接受。而对迷迭香应用方式多样化及具体使用效果研究的深入开展，将有力地促进其在大众生活中的开发应用。

第六节　迷迭香抗氧化剂的提取工艺

迷迭香含有单萜、倍半萜、二萜、三萜、黄酮、脂肪酸、多支链烷烃、鞣质及氨基酸等化学成分。至今，已从迷迭香茎、叶中分离鉴定了 29 个黄酮类化合物；12 种二萜酚类化合物，如迷迭香酚（Rosmanol）、表迷迭香酚（Epirosmanol）、异迷迭香酚（Isorosmanol）、鼠尾草酚（Carnosol）等；3 种二萜醌类化合物。迷迭香含 5.55%的酚性成分，主要为迷迭香酸（Rosmarinic acid）、咖啡酸（Coffee acid）、绿原酸（Chlorogenic acid）等。迷迭香提取物具有比 BHA 有更好的抗氧化能力，其效果在与维生素 E 等配置成制剂出售时有相乘作用。一般，其抗氧化能力随加入量的增加而增大，但高浓度时会使油脂产生沉淀，含水食品会因此而变色。另外，迷迭香叶中还含有多种脂肪酸、直链或支链烷烃和多种氨基酸。

中国食品添加剂使用卫生标准 GB 2760—1996（1997 年增补品种）将迷迭香提取物的使用范围定义在动物油脂、肉类制品、油炸食品、植物油脂中。

目前，迷迭香抗氧化剂主要采用下面的方法提取：

迷迭香—机械磨碎—加有机溶剂浸提—蒸馏—提取物。

采用的溶剂有正己烷、二氯甲烷、乙醇、乙醚。迷迭香的粗提取物，再用分子蒸馏或超临界二氧化碳萃取方法进行精制。现有的技术，有的提取率较低，有的产品的分离提纯比较困难，有的需要的设备比较昂贵。

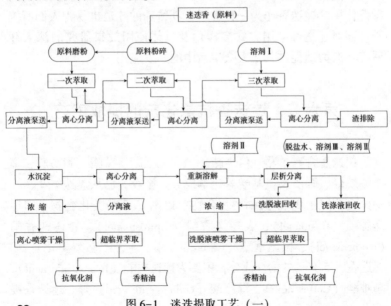

图 6-1　迷迭提取工艺（一）

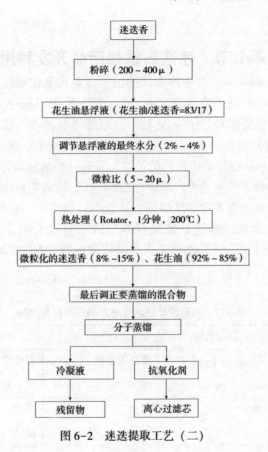

图 6-2　迷迭提取工艺（二）

第七节　迷迭香系列产品开发利用

英国 Rosemary Cole 博士筛选出了富含抗氧化活性成分的迷迭香植物，提高了迷迭香的市场附加值。法国 Nmurex 公司，每天处理迷迭香原料达 15~20 吨。西班牙从事迷迭香精油和提取物生产的公司，如 Bordas 公司、Gruponatra 公司、Monteloeder、Furesa 公司都已打造了自己的品牌。另有一些国家和公司生产了大量其他种类的迷迭香产品。（见表 6-1）国内先后也有相关专利申请，如迷迭香保健沐浴露、迷迭香口腔喷剂、食品保质剂、迷迭香杀菌剂、迷迭香脱臭剂等。国家制订了相关产品标准（见附录3），国际上也有迷迭香精油的标准（ISO 1342：2000）发布。

表6-1　几家国外迷迭香终产品生产商及产品

国别	公司名称	产品	用途
美国	美国家庭用品公司	食品添加剂	食品抗氧化
	Jarrow Formula	健康食品	抗心血管衰老
	FMC	精油	香料
日本	MIKTTO	护肤品	防晒抗皱
	AKISV	健康食品	改善糖尿病并发症
德国	Nattremann	药品	抗关节炎、肝炎等慢性炎症

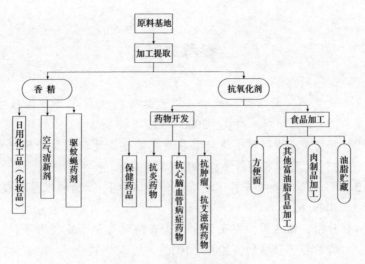

图 6-3　迷迭香产品路线

参考文献

[1] 代兰英，葛云荣，景会."迷迭香"优质丰产栽培技术 [J].云南农业科技，2006（4）.

[2] 陈德茂，康兴屏.迷迭香在黔南的生态适应性及繁殖技术 [J].贵州农业科学，2009（5）.

[3] 王文江.新型香科迷迭香栽培技术 [J].新疆农垦科技，2008（2）.

[4] 杜刚，杨建国，安正云.迷迭香的栽培及开发利用 [J].特种经济动植物，2002（10）.

[5] 仲艳丽，白志川.迷迭香扦插育苗试验初报 [J].中国农学通报，2007（5）.

[6] 葛云荣.迷迭香育苗栽培及田间管理 [J].云南农业，2001（8）.

[7] 刘连成，叶魏，陈洪江，等.迷迭香日光温室周年栽培技术 [J].特种经济动植物，2003（9）.

[8] 余天虹，陈训，刘国道，等.新型资源植物迷迭香营养器官的解剖学研究 [J].中国农学通报，2007（6）.

[9] 张华通，王振师，林晓萍，等.迷迭香扦插繁殖技术研究 [J].广东林业科技，2006（1）.

[10] 杨谨，刘旭云，杨娜.两种迷迭香消毒片剂熏蒸对室内空气消毒效果观察 [J].中国消毒学杂志，2007（6）.

[11] 郭道森，杜桂彩，李丽，等.迷迭香酸对几种植物病原真菌的抗菌活性 [J].微生物学通报，2004（4）.

[12] 张婧，熊正英.天然抗氧化剂迷迭香的研究进展及其应用前景 [J].现代食品科技，2005（1）.

[13] 冷桂华，邹佑云．迷迭香在食品工业中的应用 [J]．安徽农业科学，2007 (21)．

[14] 孙峋，汪靖超，李洪涛，等．迷迭香酸的抗菌机理研究 [J]．青岛大学学报（自然科学版），2005, 12 (4)：41-45．

[15] 张华通，王振师，林晓萍，等．迷迭香扦插繁殖技术研究 [J]．广东林业科技，2006 (1)．

ICS 65.020.20
B 31
备案号：####-####

DB

北 京 市 地 方 标 准

DB11/T 570—2008

无公害蔬菜　迷迭香露地生产技术规程

No-polluted Vegetable
Technological standards for Rosemary (Rosmarinus officinalis L.) on
open field

2008 - 07 - 24 发布　　　　　　　　2008 - 08 - 01 实施

北京市质量技术监督局　发布

前 言

本标准附录 A 为规范性附录。

本标准由北京市农业局提出。

本标准由北京市农业标准化技术委员会种植业分会。

本标准起草单位：北京市农林科学院蔬菜研究中心。

本标准主要起草人：刘庞源、张宝海、何伟明、韩向阳。

DB11/T 570—2008

无公害蔬菜迷迭香露地生产技术规程

1. 范　围

本标准规定了迷失香露地生产的产地环境、栽培技术及病虫害防治的要求。

本标准适用于北京地区迷迭香露地的无公害生产。

2. 规范性引用文件

下列文件中的条款通过本标准的引用而成为本标准的条款。凡是注日期的引用文件，其随后所有的修改单（不包括勘误的内容）或修订版均不适用于本标准，然而，鼓励根据本标准达成协议的各方研究是否可使用这些文件的最新版本。凡是不注日期的引用文件，其最新版本适用于本标准。

GB 4285　农药安全使用标准

GB/T 8321（所有部分）　农药合理使用准则

GB 16715.5　瓜菜作物种子　叶菜类

NY/T 496　肥料合理使用准则　通则

NY/5010　无公害食品　蔬菜产地环境条件

NY/5089　无公害食品　绿叶类蔬菜

3. 产地环境

产地环境应符合 NY 5010 的规定。

4. 栽培技术

4.1　品种选择

4.1.1　选用抗病、优质、高产、商品性好、性状稳定、适合市场需求的品种。

46

4.1.2 种子质量符合 GB 16715.5 的要求。

4.2 育苗

4.2.1 播种育苗

4.2.1.1 播种时间及地点

2—3 月在温室内进行。

4.2.1.2 播种方法

采用 128 孔穴盘育苗，育苗基质为草炭与蛭石，按体积比 3∶1 比例混合，每立方米基质中加入复合肥 0.5kg，复合肥的氮磷钾比例为 15∶15∶15。基质装盘，压穴播种，播种深度为 0.5~0.8 厘米，播后覆盖蛭石，浇透水。

肥料的使用应符合 NY/T 496 的要求。

4.2.1.3 苗期管理

播种后盖上薄膜保温保湿，种子发芽适温为 15~20℃，播后 12~15 天出苗，出苗后及时揭膜，并保持基质的湿润。当苗长到 10 厘米左右，大约 70 天，即可定植。

4.2.2 扦插育苗

4.2.2.1 扦插时间

2 月上旬。

4.2.2.2 扦插基质

基质为草炭加蛭石体积比 2∶1，不宜加肥。

4.2.2.3 扦插方法

在 128 孔穴盘或畦中扦插均可。选取新鲜健康尚未完全木质化的茎，距顶端 10~15 厘米处剪下。

BD11/T 570−2008

去除枝条下方约 1/3 的叶子，直接插在基质中。

4.2.2.4 扦插后温湿度管理

基质应保持湿润，白天适宜温度 22~25℃，夜温适宜温度 18~22℃，3~4 周即会生根，7 周后定植到露地。

4.2.3　压条繁殖

把植株接近地面的枝条压弯覆土，长出新根后，从母体剪下，形成新的个体，定植到露地。

4.3　定植

4.3.1　选地、整地、施肥、作畦

选择肥沃、疏松、平整的地块，每亩施用腐熟细碎的有机肥3000千克，与土壤混合后作宽1.3米，长8~10米的平畦。

4.3.2　定植

扦插育苗的3月下旬定植，播种育苗的4月中旬定植。其植株行距为35厘米×40厘米，每亩定植密度为4000~5000株。

4.4　田间管理

定植后应及时浇水并进行中耕除草：为保证植株健壮，应进行去劣、摘心等工作。在生长过程中，5—6月和9—10月，每月追施复合肥一次，复合肥的氮、磷、钾比例为15：15：15。

4.5　采收

株高20~30厘米开始采收长度为10厘米的嫩尖。20天左右采心一次。产品安全质量应符合NY 5089的要求。

5　病虫害防治

预防为主、综合防治，优先采用农业防治、物理防治、生物防治，结合科学合理的化学农药防治。使用化学农药时，应符合GB 4285、GB/T 8321以及相关法律法规的规定。蔬菜生产禁止使用和不得使用的化学农药见附录A。

DB11/T 570—2008

附录 A

（规范性附录）

蔬菜生产禁止使用和不得使用的化学农药

据 2002 年 6 月 5 日中华人民共和国农业部第 199 号公告和 2006 年 4 月 4 日中华人民共和国农业部第 632 号公告，国家明令禁止使用和不得使用的农药品种清单如下：

A. 1 禁止使用的农药

六六六（HCH），滴滴涕（DDT），毒杀芬（Camphehlor），二溴氯丙烷（dibromochoropane），杀虫脒（Cholrdimeform），二溴乙烷（EDB），除草醚（nitrofen），艾氏剂（aldrin），狄氏剂（dieldrin），汞制剂（Mercurycompounds），砷（arsena）、铅（acetate）类，敌枯双，氟乙酰胺（fluoroacetamide），甘氟（gliftor），毒鼠强（tetramine），氟乙酸钠（sodiumfluoroacetate），甲胺磷（methamidophos），甲基对硫磷（parathion-methyl），对硫磷（parathion），久效磷（monocrotophos），磷胺（phosphamidon）。

A. 2 不得使用的农药

甲拌磷（phorate），甲基异柳磷（isofenphos-methyl），特丁硫磷（terbufos），甲基硫环磷（phosfolan-methyl），治螟磷（sulfotep），内吸磷（demeton），克百威（carbofuran），涕灭威（aldiearb），灭线磷（ethorophos），硫环磷（phosfolan），蝇毒磷（coumaphos），地虫硫磷（fonofos），氯唑磷（isazofos），苯线磷（fenamiphos）。

任何农药产品都不得超出农药登记批准的使用范围。

附录2 QB/T 2817—2006 食品添加剂迷迭香提取物

ICS 67.220.20
分类号：X41
备案号：18953-2006

中华人民共和国轻工行业标准

QB/T 2817-2006

食品添加剂 迷迭香提取物

Food additive Rosemary extract

2006 – 09 – 14 发布　　　　　　　　2007 – 05 – 01 实施

中华人民共和国国家发展和改革委员会　发布

QB/T 2817—2006

前 言

本标准的附录 A 和附录 B 为规范性附录。

本标准由中国轻工业联合会提出。

本标准由全国食品发酵标准化中心归口。

本标准由中国食品添加剂生产应用工业协会组织起草。

本标准起草单位：贵州益兴宝典生物科技股份有限公司、贵州大学、中国食品发酵工业研究院。

本标准首次制定。

QB/T 2817—2006

食品添加剂　迷迭香提取物

1. 范　围

本标准规定了食品添加剂迷迭香提取物的分类、要求、试验方法、检验规定及标志、包装、运输、贮存。

本标准适用于以迷迭香（*Rosraarinus officinalis* L.）的茎、叶为原料，经乙醇溶液提取、精制等工艺生产的粉状制品。其脂溶性产品的主要有效成分为鼠尾草酚、鼠尾草酸、迷迭香酚等；水溶性产品的主要有效成分为迷迭香酸、橙皮苷、咖啡酸等。

2. 规范性引用文件

下列文件中的条款通过本标准的引用而成为本标准的条款。凡是注日期的引用文件，其随后所有的修改单（不包括勘误的内容）或修订版均不适用于本标准，然而，鼓励根据本标准达成协议的各方研究是否可使用这些文件的最新版。凡是不注日期的引用文件，其最新版本适用于本标准。

GB/T 5009.3　食品中水分的测定

GB/T 5009.4　食品中灰分的测定

GB/T 5009.11　食品中总砷及无机砷的测定

GB/T 5009.12　食品中铅的测定

GB/T 6682　分析实验室用水规格和试验方法（neq ISO 3696：1987）

国家质量监督检验检疫总局令第75号　定量包装商品计量监督管理办法

卫生部〔2002〕第26号令　食品添加剂卫生管理办法

3. 分 类

迷迭香提取物根据其溶解性分为脂溶性产品和水溶性产品。

4. 要 求

4.1 感官特性

脂溶性迷迭香提取物为淡黄色至黄褐色粉末,水溶性迷迭香提取物为褐色粉末。具有迷迭香特有气味。

4.2 理化指标

应符合表1的要求。

表1 理化指标

项 目		指 标	
		脂溶性	水溶性
鼠尾草酸/(%)	≥	8.0	—
迷迭香酸/(%)	≥	—	2.0
乙醇乙酯溶解度/(25℃,g/100g)	≥	3.0	—
水溶解度/(25℃,g/100g)	≥	—	4.0
水分/(%)	≤	8.0	
灰分/(%)	≤	3.0	
铅(以Pb计)/(mg/kg)	≤	1.0	
砷(以As计)/(mg/kg)	≤	1.0	

5. 试验方法

除非另有说明,在分析中仅使用确认为分析纯的试剂和GB/T 6682中规定的水。

5.1 感官检验

取适量样品置于清洁、干燥的白瓷盘中,在自然光线下,观察其色泽,嗅其味。

5.2 理化检验

5.2.1 鼠尾草酚

按附录 A 中规定的方法测定。

5.2.2 迷迭香酸

按附录 B 中规定的方法测定。

5.2.3 乙酸乙酯溶解度

5.2.3.1 试剂

乙酸乙酯：分析纯。

5.2.3.2 仪器

电热恒温干燥箱。

5.2.3.3 分析步骤

取 200mL 的具塞三角瓶，干燥至恒重（m_0）后，准确称取 100g 乙酸乙酯（精确至 0.01g），然后加入 5~10g 脂溶性迷迭香提取物（精确至 0.01g），在 25% 条件下边加边搅拌，在 5min 内使其充分溶解，静置 10min，倒出上清液，瓶及残渣干燥至恒重（m_2），根据减轻的质量计算乙酸乙酯溶解度。

5.2.3.4 结果计算

乙酸乙酯溶解度按式（1）计算：

$$X_1 = m_0 + m_1 - m_2 \cdots\cdots\cdots\cdots\cdots\cdots\cdots (1)$$

式中：

X_1——乙酸乙酯溶解度，单位为克每百克乙酸乙酯（g/100g）；

m_0——干燥后三角瓶的质量，单位为克（g）；

m_1——脂溶性迷迭香提取物的质量，单位为克（g）；

m_2——干燥后三角瓶和残渣的质量，单位为克（g）。

5.2.4 水溶解度

5.2.4.1 仪器

电热恒温干燥箱。

5.2.4.2 分析步骤

取 200mL 的具塞三角瓶，干燥至恒重（m_0）后，准确称取 100g 乙酸乙酯（精确至 0.01g），然后加入 6~10g 水溶性迷迭香提取物（精确至 0.01g），在 25% 条件下边加边搅拌，在 5min 内使其充分溶解，静置 10min，倒出上清液，瓶及残渣干燥至恒重（m_4），根据减轻的质量计算水溶解度。

5.2.4.3 结果计算

水溶解度按式（2）计算：

$$X_2 = m_0 + m_3 - m_4 \quad\cdots\cdots\cdots\cdots\cdots\cdots\quad (4)$$

式中：

X_2——水溶解度，单位为克每百克乙酸乙酯（g/100g）；

m_0——干燥后三角瓶的质量，单位为克（g）；

m_3——水溶性迷迭香提取物的质量，单位为克（g）；

m_4——干燥后三角瓶和残渣的质量，单位为克（g）。

5.2.5 水分

按 GB/T 5009.3 规定的方法测定。

5.2.6 灰分

按 GB/T 5009.4 规定的方法测定。

5.2.7 铅

按 GB/T 5009.12 规定的方法测定。

5.2.8 砷

按 GB/T 5009.11 规定的方法测定。

6. 检验规则

6.1 批次的确定

由生产单位的质量检验部门按照其相应的规则确定产品的批号，经最后混合且有均一性质量的产品为一批。

6.2 取样方法和取样量

在每批产品中随机抽取样品，每批按包装件数的3%抽取小样，每批应不少于三个包装，每个包装抽取样品应不少于100g，将抽取试样迅速混合均匀，分装入两个洁净、干燥的瓶中，瓶上注明生产厂、产品名称、批号、数量及取样日期、一瓶作检验、一瓶密封留存备查。

6.3 出厂检验

6.3.1 出厂检验项目包括鼠尾草酚（脂溶性产品）或迷迭香酸（水溶性产品），水分和溶解度。

6.3.2 每批产品应经生产厂检验部门按本标准规定的方法检验，并出具产品合格证后方可出厂。

6.4 型式检验

本标准技术要求中规定的所有项目均匀为型式检验项目，型式检验每半年进行一次，或当出现下列情况之一时进行检验。

——原料、工艺发生较大变化时；

——停产后重新恢复生产时；

——出厂检验结果与平常记录有较大差别时；

——国家质量监督检验机构或用户提出要求时。

6.5 判定规则

对全部技术要求进行检验，检验结果中若有一项指标不符合本标准要求时，应重新双倍取样进行复检。复检结果即使有一项不符合本标准，则整批产品判为不合格。

如供需双方对产品质量发生异议时，可由对方协商选定仲裁机构，按本标准规定的检验方法进行仲裁。

7. 标志、包装、运输、贮存

7.1 标志

产品的标识应符合卫生部〔2002〕第26号令第四章的

要求。

7.2 包装

产品的包装应采用国家批准的、并符合相应的食品包装用卫生标准的材料，包装净含量偏差应符合国家质量监督检验检疫总局令第 75 号的规定。其中，水溶性迷迭香提取物产品由于易吸潮，需用防潮真空包装。

7.3 运输

产品在运输过程中不应与有毒、有害及污染物质混合载运，避免雨淋日晒等。

7.4 贮存

产品应贮存在通风、清洁、干燥的地方，不应与有毒、有害及有腐蚀性等物质混存。产品自生产之日起，在符合储运条件、包装完好的情况下，保质期应不少于两年。

QB/T 2817—2006

附录 A
（规范性附录）
脂溶性迷迭香提取物中鼠尾草酚的测定
高效液相色谱法

A.1　方法提要

样品用甲醇溶解，以甲醇–0.1%磷酸水溶液为流动相，用以ODS为填料的液相色谱柱和紫外检测器或二极管阵列检测器，对试样中的鼠尾草酚进行反相高效液相色谱分离和测定，与标准品保留时间比较定性，峰面积外标法定量。

A.2　试剂和材料

a. 甲醇：色谱纯。

b. 鼠尾草酚标准品：纯度不低于98%。

c. 标准储备液：准确称取鼠尾草酚标准品5mg（精确至0.0001g），用甲醇溶解并定容至10mL，混匀，置冰箱中保存。此溶液1mL含鼠尾草酚500μg。

A.3　仪器

a. 高效液相色谱仪：配有紫外检测器或二极管阵列检测器。

b. 色谱柱：柱长250mm，内径4.6mm，内装ODS填充物，粒径5μm。

c. 微量进样器。

A.4　高效液相色谱操作条件

流动相：甲醇：0.1%磷酸水溶液＝82：18；

流速：0.6mL/min；

柱温：40℃；

检测波长：275nm；

保留时间：13min 左右。

A.5　分析步骤

A.5.1　样品处理

准确称取混合均匀的脂溶性迷迭香提取物样品 0.4g（精确至 0.0001g），用甲脂溶解并定容至 100mL，经 0.8μm 微孔滤膜过滤，即得试样溶液。

A.5.2　标准曲线的绘制

准确吸取标准储备液 0，2.5μL，5μL，10μL，15μL，20μL，在规定色谱条件下，进行色谱分析，根据鼠尾草酚标准溶液的不同进样量及相应色谱峰面积，以色谱峰面积为纵坐标，鼠尾草酚含量为横坐标，绘制标准曲线。

A.5.3　样品测定

准确吸取试样溶液 5μL，在规定色谱条件下，进行色谱分析，以保留时间定性，峰面积外标法定量。

A.6　结果计算

鼠尾草酚含量按式（A.1）计算：

$$X_3 = \frac{c \times V}{m_3} \times 100 \quad\cdots\cdots\cdots\cdots\cdots\cdots\quad (A.1)$$

式中：

X_3——样品中鼠尾草酚的含量，单位为克每百克（g/100g）；

c——由标准曲线得出的试样溶液中鼠尾草酚的浓度，单位为微克每毫升（μg/mL）；

V——样液定容体积，单位为毫升（mL）；

m_3——样品质量，单位为克（g）。

A.7　允许差

在重复性条件下获得的两次独立测定结果的绝对差值，应不超过算术平均值的 2.5%，取两次平行测定的算术平均值为测定结果。

QB/T 2817—2006

附录 B

（规范性附录）

水溶性迷迭香提取物中迷迭香酸的测定

高效液相色谱法

B.1 方法提要

样品用甲醇溶解，以甲醇－0.05%磷酸水溶液为流动相，用以 ODS 为填料的液相色谱柱和紫外检测器或二极管阵列检测器，对试样中的鼠尾草酚进行反相高效液相色谱分离和测定，与标准品保留时间比较定性，峰面积外标法定量。

B.2 试剂和材料

a. 甲醇：色谱纯。

b. 迷迭香酸标准品：纯度不低于98%。

c. 标准储备液：准确称取迷迭香酸标准品 10mg（精确至0.0001g）定容至 10mL，混匀，置冰箱中保存。此溶液 1mL 含迷迭香酸 1.0mg。

B.3 仪器

a. 高效液相色谱仪：配有紫外检测器或二级管阵列检测器。

b. 色谱柱：柱长 250mm，内径 4.6mm，内装 ODS 填充物，粒径 5μm。

c. 微量进样器。

B.4 高效液相色谱操作条件

流动相：甲醇：0.05%磷酸水溶液＝45：55；

流速：0.6mL/min；

柱温：40℃；

检测波长：283nm；

保留时间：18min 左右。

B.5 分析步骤

B.5.1 样品处理

准确称取混合均匀的水溶性迷迭香提取物样品 0.2g（精确至 0.0001g），用水溶解并定容至 100mL，经微孔滤膜（0.8μm）过滤，即得试样溶液。

B.5.2 标准曲线的绘制

准确吸取标准储备液 0，2.5μL，5μL，10μL，15μL，20μL，在规定色谱条件下，进行色谱分析，根据迷迭香酸标准溶液的不同进样量及相应色谱峰面积，以色谱峰面积为纵坐标，迷迭香酸含量为横坐标，绘制标准曲线。

B.5.3 样品测定

准确吸取试样溶液 10μL，在规定色谱条件下，进行色谱分析，以保留时间定性，峰面积外标法定量。

B.6 结果计算

鼠尾草酚含量按式（B.1）计算：

$$X_4 = \frac{c \times V}{m_4} \times 100 \quad\cdots\cdots\cdots\cdots (B.1)$$

式中：

X_4——样品中迷迭香酸的含量，单位为克每百克（g/100g）；

c——由标准曲线得出的试样溶液中迷迭香酸的浓度，单位为微克每毫升（μg/mL）；

V——样液定容体积，单位为毫升（mL）；

m_4——样品质量，单位为克（g）。

B.7 允许差

在重复性条件下获得的两次独立测定结果的绝对差值，应不超过算术平均值的2.5%，取两次平行测定的算术平均值为测定结果。

附录 3 GB/T 22301—2008 干迷迭香

ICS 67.220.10
B 36

中华人民共和国国家标准

GB/T 22301--2008/ISO 11164:1995

干 迷 迭 香

Dried rosemary

[ISO 11164: 1995, Dried rosemary (*Rosmarinus officinalis* L.) –
Specification, IDT]

2008 -08 -01 发布　　　　　　2008 -11 -01 实施

中华人民共和国国家质量监督检验检疫总局
中国国家标准化管理委员会　　发布

GB/T 22301—2008/ISO 11164：1995

前　言

本标准等同采用 ISO 11164：1995《干迷迭香 规格》（英文版）。

本标准等同翻译 ISO 11164：1995。

为便于使用，本标准做了下列编辑性修改：

a. "本国际标准"一词改为本标准；

b. 用小数点"."代替作为小数点的逗号"，"；

c. 把 ISO 11164：1995 中的 4.2 和 4.3 合并成本标准的 4.2。

本标准由中华全国供销合作总社提出并归口。

本标准起草单位：中华全国供销合作总社南京野生植物综合利用研究院。

本标准主要起草人：陈仕荣、张卫明。

GB/T 22301—2008/ISO 11164：1995

干迷迭香

1. 范 围

本标准规定了切碎干迷迭香叶的技术要求及相应贮运条件。

本标准适用于干迷迭香的质量评定及其贸易。

2. 规范性引用文件

下列文件中的条款通过本标准的引用而成为本标准的条款。凡是注日期的引用文件，其随后所有的修改单（不包括勘误的内容）或修订版均不适用于本标准，然而，鼓励根据本标准达成协议的各方研究是否可使用这些文件的最新版本。凡是不注日期的引用文件，其最新版本适用于本标准。

GB/T 12729.2 香辛料和调味品取样方法（GB/T 12729.2-2008，ISO 948：1980，NEQ）

GB/T 12729.5 香辛料和调味品外来物含量的测定（GB/T 12729.5-2008，ISO 927：1982，NEQ）

GB/T 12729.6 香辛料和调味品水分含量的测定（蒸馏法）（GB/T 12729.6-2008，ISO 939：1980，NEQ）

GB/T 12729.7 香辛料和调味品总灰分的测定（GB/T12729.7-2008，ISO 928：1 997，NEQ）

GB/T 12729.9 香辛料和调味品酸不溶性灰分的测定（GB/T 12729.9-2008，ISO 930：1997，MOD）

ISO 6571 香辛料、调味品和香草挥发油含量的测定

3. 描述

干迷迭香由唇形科植物 *Rosmarinus officinalis* L. 的干叶组成，新鲜迷迭香叶子上部呈浅灰绿色，下部有白色绒毛，叶细长，硬

而无叶柄，长 1~3 厘米，与鲜叶相比干迷迭香具有较柔和的颜色。

4. 要 求

4.1 气味、滋味

干迷迭香略有樟脑和桉树脑的特征气味。其滋味芬芳、宜人、清新略苦，有桉叶油和樟脑的滋味。干迷迭香不得带有活虫、长霉，更不得带有死虫、虫尸碎片和昆虫排泄物。

4.2 外来物

按本标准规定，不属迷迭香的所有物质，包括动植物和矿物质都视为外来物。

干迷迭香中外来物含量，按 GB/T 12729.5 的规定测定，不得超过 1%（质量分数）；干迷迭香中碎茎含量不得超过 3%（质量分数）；棕色叶子含量不得超过 10%（质量分数）。

4.3 理化指标

干迷迭香理化指标应符合表 1 的规定。

表 1　切碎干迷迭香理化指标

项　目		指　标	检验方法
水分含量（质量分数）/%	≤	11	GB/T 12729.6
总灰分（质量分数，干态）/%	≤	8	GB/T 12729.7
酸不溶性灰分（质量分数，干态）/%	≤	1	GB/T 12729.9
挥发油含量（干态）/（mL/100g）	≥	0.8	ISO 6571

5. 取样方法

取样按 GB/T 12729.2 的规定执行。

6. 检验方法

按 4.2~4.3 规定的理化分析方法，测定干迷迭香样品以确定其是否符合本标准要求。

分析用试样应先经研碎，使其绝大多数能通过孔径为 $3151\mu m$ 的筛。

7. 包装、标志、贮存和运输

7.1　包装

干迷迭香应包装在洁净、完好和干燥的容器中，包装材料不得影响其质量，包装应能防止外来污染，阻断水分增减和挥发性物质的损失。包装也应符合国家有关环保法规要求。

7.2　标志

下列各项应直接标注在每一个包装或标签上：

a. 品名和商标名；

b. 制造商或包装者的姓名、地址、商标；

c. 批号、代号；

d. 净重；

e. 购买者要求的其他信息（如收获年份、包装时间）；

f. 本标准的参考资料。

7.3　贮存

干迷迭香应贮存在通风、干燥的库房中，地面要有垫仓板并能防虫、防鼠。堆垛要整齐，堆间要有适当的通道以利于通风。严禁与有毒、有害、有污染、有异味的物品混放。

7.4　运输

干迷迭香在运输中应注意避免日晒、雨淋。严禁与有毒、有害、有异味的物品混运。禁用受污染的运输工具装载。